北京市密云区重点保护野生植物

沐先运　张德怀　李　建　主编

中国林业出版社
China Forestry Publishing House

《北京市密云区重点保护野生植物》编委会

主 编：沐先运 张德怀 李 建

副主编：谷函泽 芮丹霓 曹 俊 马保忠 张赵森

图书在版编目（CIP）数据

北京市密云区重点保护野生植物 / 沐先运，张德怀，
李建主编．－－ 北京 ：中国林业出版社，2023.12
　　ISBN 978-7-5219-2411-4

　　Ⅰ．①北… Ⅱ．①沐… ②张… ③李… Ⅲ．①珍稀植
物－野生植物－密云区－图谱 Ⅳ．① Q948.521.3-64

中国国家版本馆 CIP 数据核字 (2023) 第 210755 号

责任编辑：李春艳
版式设计：黄树清
出版发行：中国林业出版社
　　　　　（100009，北京市西城区刘海胡同7号，电话：010-83143579）
电子邮箱：30348863@qq.com
网　　址：www.forestry.gov.cn/lycb.html
印　　刷：北京博海升彩色印刷有限公司
版　　次：2023 年 12 月第 1 版
印　　次：2023 年 12 月第 1 次
开　　本：787 mm×1092 mm 1/16
印　　张：7.5
字　　数：165 千字
定　　价：88.00 元

前　言

　　生物多样性是人类赖以生存和发展的重要基础，生物多样性保护是全球关注的环境热点问题之一。植物作为生物多样性和自然生态系统的核心组成部分，具有重要的生态、科学、经济和文化价值。我国幅员辽阔，地形、地貌多样，植物种类十分丰富，已记录的高等植物有38844种，世界排名第三，其中我国特有种高达15000~18000种。然而，由于人口增加、土地利用类型转变、环境污染和全球气候变暖等原因，我国也成为生物多样性受威胁最严重的国家之一。2021年新版《国家重点保护野生植物名录》和2023年新版《北京市重点保护野生植物名录》的发布，为国家和各地主管部门的珍稀濒危植物保护与管理提供了重要基础和依据。

　　北京市密云区地处北京东北部，位于燕山山脉中段，三面环山，西南部为平原。其地质历史悠久，地形、地貌多样，生态资源丰富，在维护首都生态安全、提升群众乐享生态福利品质等方面发挥着重要作用。受经济快速发展、人口持续增加、城市化进程不断加大、自然生境不断变化等因素的影响，密云区的野生动植物资源也在不断变化之中。为深入落实《中国生物多样性保护战略与行动计划（2011—2030年）》《北京市生物多样性保护园林绿化专项规划（2022—2035年）》等工作要求，在区委、区政府的统一部署下，密云区园林绿化局近年来组织开展了一系列本底调查工作，进一步明确了区域内资源本底数据，发现了铁木、尖帽草等北京市新记录植物，取得了丰硕的成果。基于文献资料和野外调查结果，结合上述国家级和市级重点保护植物名录，全面梳理密云区的各级、各类重点保护野生植物，共统计到密云区有国家级重点保护野生植物12种（均为二级，其中归属林草部门主管的7种，农业部门主管的5种），北京市重点保护野生植物60种（市级保护植物未划分各物种的主管部门）。

　　为进一步推动密云区野生植物本底资源调查和监测，服务区域生物多样性管理和科学保护，特编写本书。书中介绍了每种保护植物的保护等级、分类地位、形态特征、分布与生境等信息，并提供了大量高清野外生境图片，便于物种识别和鉴定。其中，各物种的分类系统参照《国家重点保护野生植物名录》和《中国生物物种名录》。在本书的准备和编撰过程中，得到了北京市园林绿化局、北京市植物保护中心、北京市植物保护站、密云区生态环境局等单位的大力支持，国家植物园薛凯和曾佑派、信阳师范大学朱鑫鑫、浙江师范大学毛星星、河北阳原第一中学谢迎春和著名生态摄影师宋会强等老师提供了部分照片，许梅、李俊、吴远密、沈雪梨、童玲、雷丰玮、马頔和王楠等参与了野外调查，中国林业出版社的编辑李春艳和黄树清老师也为本书的出版花费了大量心血，在此深表谢意。

　　由于文献资料掌握有限，书中难免有疏漏之处，敬请广大读者批评指正。

编者

2023年9月

目 录

二、密云区的市级保护植物 / 30

第一章 密云区自然地理和植物概况

绶草

一、密云区自然地理概况

密云区位于北京市东北部，介于北纬40°13'7"~40°47'57"，东经116°39'33"~117°30'25"之间。东西长69千米，南北宽64千米。属燕山山地与华北平原交接地，东、北、西三面群山环绕、峰峦起伏，中部是碧波荡漾的密云水库，西南是洪积冲积平原，总地形为三面环山、中部低缓、西南开口的簸箕形。最高峰位于东部的雾灵山，海拔1760米；第二高峰位于西部的云蒙山，海拔1413米；北部最高峰为冯家峪镇（旧属于番字牌乡）的大洼尖，海拔1286米。东南至西北依次与平谷区、顺义区、怀柔区接壤，北部和东部分别与河北省的滦平县、承德县、兴隆县毗邻，境内的新城子镇花园村四县（区）交界，是北京市第一缕阳光照射到的地方。密云区总面积2229.45平方千米，是北京市面积最大的区。密云区山高水长，亦有平原，生境多样（图1），是野生生物的幸福家园。

图 1　密云区山地、湿地、水库和四区交界石碑

密云区地处燕山台褶带与内蒙古地轴东段，地质构造复杂，主要基岩类型有花岗岩、石灰岩、片麻岩、砂砾岩等。全区土壤类型以褐土为主，占93%，棕壤、潮土占比低。该区为暖温带季风型大陆性半湿润半干旱气候，冬季受西伯利亚、蒙古高压控制，夏季受大陆低压和太平洋高压影响，四季分明，干湿冷暖变化明显。年平均气温为10.8℃，最高温40℃，最低温 –27.3℃。年均降水量为660毫米，降水的季节变化明显，6~8月降水量占全年总量的76.5%。密云区境内有大小河流14条，年均自然流量达13.5亿立方米，潮白河纵贯全境。密云水库水面面积188平方千米，约占全区面积的1/10，是北京市的重要饮用水源基地和生态涵养区。

二、密云区植物分布概况

密云区地质历史悠久，生境类型丰富，植被类型多样，植物资源丰富。第四纪冰期—间冰期的反复活动对华北地区生物多样性产生了较大影响，加之华北地区人类活动历史悠久，因此该区域原生植被保留较少，北京地区原生植被更少。密云区植被类型以油松（*Pinus tabuliformis*）、侧柏（*Platycladus orientalis*）等人工林为主，少数地区有天然次生林。调查表明，在密云区分布有一定量的原生天然林，十分珍贵。

在雾灵山海拔约1500米的小白石砬子附近和云蒙山山顶阴坡（海拔约1400米）等高海拔区域还保留着一定面积的原生植物群落，分布有白杆（*Picea meyeri*）、青杆（*P. wilsonii*）、华北落叶松（*Larix gmelinii* var. *principis-rupprechtii*）等寒温性针叶林和硕桦（*Betula costata*）、白桦（*B. platyphylla*）等落叶阔叶林。其中，雾灵山的青杆、梧桐杨（*Populus pseudomaximowiczii*）、硕桦等乔木古树成群，数量较大，十分难得。这些区域乔、灌、草分层明显，尤其分布有珍贵、珍稀、对生境有较高要求的草本物种，如轮叶贝母（*Fritillaria maximowiczii*）、七筋姑（*Clintonia udensis*）、七瓣莲（*Trientalis europaea*）、双花黄堇菜（*Viola biflora*）、红景天（*Rhodiola rosea*）、狭叶红景天（*R. kirilowii*）等。由于海拔高、生境复杂、人为干扰相对较低，雾灵山和云蒙山是密云区的两大植物多样性中心，也位列北京地区七大植物多样性中心之列，生态价值高。

密云区的中山地区（海拔800~1200米）分布有较大面积的天然次生林，如桦木林、椴树林、栎类林、杨树林、榆树林、胡桃楸林、铁木林等。这些区域植被类型多样，生境差异大，物种十分丰富，分布有大量的资源植物，如蜜粉源类有山丹（*Lilium pumilum*）、有斑百合（*L. concolor* var. *pulchellum*）、茖葱（*Allium ochotense*）、糠椴（*Tilia mandshurica*）、蒙椴（*T. mongolica*）、锦带花（*Weigela florida*）、蓝刺头（*Echinops sphaerocephalus*）等，药用类有白苞筋骨草（*Ajuga lupulina*）、五味子（*Schisandra chinensis*）、银线草（*Chloranthus quadrifolius*）、鞘柄菝葜（*Smilax stans*）、黄芩

（*Scutellaria baicalensis*）、金莲花（*Trollius chinensis*）等，野菜类有蕨（*Pteridium aquilinum* var. *latiusculum*）、黄花菜（*Hemerocallis citrina*）、黄精（*Polygonatum sibiricum*）、短尾铁线莲（*Clematis brevicaudata*）、刺五加（*Eleutherococcus senticosus*）、楤木（*Aralia elata*）等，野果类有山葡萄（*Vitis amurensis*）、山荆子（*Malus baccata*）、秋子梨（*Pyrus ussuriensis*）、毛榛（*Corylus mandshurica*）、胡桃楸（*Juglans mandshurica*）、东北茶藨子（*Ribes mandshuricum*）等，观赏及芳香类有美蔷薇（*Rosa bella*）、雾灵香花芥（*Hesperis sibirica*）、臭檀（*Tetradium daniellii*）、北京忍冬（*Lonicera elisae*）、迎红杜鹃（*Rhododendron mucronulatum*）、暴马丁香（*Syringa reticulata*）、木本香薷（*Elsholtzia stauntonii*）等（图2）。

在800米以下的低山丘陵和冲积平原区，人口稠密，农业生产活动频繁，山地以人工林为主（如侧柏、油松等），灌木树种主要为酸枣（*Ziziphus jujuba* var. *spinosa*）、荆条（*Vitex negundo* var. *heterophylla*）、山杏（*Prunus sibirica*）、黄栌（*Cotinus coggygria* var.

图2 密云区丰富的野生植物资源

A：蜜粉源植物蓝刺头；B：药用植物白苞筋骨草；

C：观赏植物雾灵香花芥；D：野果植物东北茶藨子

cinereus）、蚂蚱腿子（*Pertya dioica*）等，平原区主要为农田。这些区域的植物耐性强，对水分、土壤条件要求不高，抗干扰能力强，野菜类有荠菜（*Capsella bursa-pastoris*）、小根蒜（*A. macrostemon*）、薄荷（*Mentha canadensis*）、蝙蝠葛（*Menispermum dauricum*）、鹅绒委陵菜（*Argentina anserina*）、狭叶荨麻（*Urtica angustifolia*）、旱柳（*Salix matsudana*）、栾树（*Koelreuteria paniculata*）、青花椒（*Zanthoxylum schinifolium*）、水芹（*Oenanthe javanica*）等，药用植物有银粉背蕨（*Aleuritopteris argentea*）、北马兜铃（*Aristolochia contorta*）、泽泻（*Alisma plantago-aquatica*）、知母（*Anemarrhena asphodeloides*）、牛扁（*Aconitum barbatum* var. *puberulum*）、北乌头（*A. kusnezoffii*）、白头翁（*Pulsatilla chinensis*）、瓦松（*Orostachys fimbriata*）、苦参（*Sophora flavescens*）、远志（*Polygala tenuifolia*）、桔梗（*Platycodon grandiflorus*）、柴胡（*Bupleurum chinense*）、玉竹（*P. odoratum*）等。

三、密云区保护植物概况

根据文献资料记载和野外调查结果，密云区天然分布的植物中，有12种为国家级重点保护野生植物（均为二级），其中林草部门主管的7种，农业部门主管的5种；有60种为北京市级重点保护野生植物（市级保护植物名录中未标注各物种的主管部门）。根据物种数量、分布等特性，可大致将其分为以下三类：

第一类，生境较为独特、数量较为稀少或是在北京市具有密云特色的物种，如轮叶贝母、叉唇无喙兰（*Neottia smithiana*）、北京无喙兰（*Holopogon pekinensis*）、大花杓兰（*Cypripedium macranthos*）、七筋姑、鹿蹄草（*Pyrola calliantha*）、梧桐杨、流苏树（*Chionanthus retusus*），以及云杉属（青杆和白杆）、红景天属（红景天、狭叶红景天和小丛红景天 *R. dumulosa*）等。除流苏树外，其他12种植物均分布在海拔高、生境受干扰程度小、近天然的植被中。大花杓兰、轮叶贝母、七筋姑、梧桐杨和云杉属、红景天属植物在密云仅见于雾灵山高海拔地区。轮叶贝母分布于东北至华北地区，北京仅见于密云雾灵山，该地区也是轮叶贝母天然分布区的最南端。雾灵山地区曾有鹿蹄草，近期未再发现，新发现云蒙山大东梁林下有少数个体。新城子镇苏家坨村有古流苏树，附近山区有流苏树标本采集记录，周边地区可能有零星分布。

第二类，分布广、资源量较大、受胁迫程度不高的物种，是国家级和北京市级保护植物中的多数种类，如软枣猕猴桃（*Actinidia arguta*）、有斑百合、山丹等。这些物种所受胁迫主要来自潜在的人为采摘或盗挖，特别是一些药用植物和野菜植物，如金莲花、知母等。青花椒是花椒（*Z. bungeanum*）的野生近缘种，也称野花椒、崖椒，低海拔山区资源量较大，偶有百姓采集、食用，未见破坏性采伐行为。

第三类，有凭证标本但近年来未见活体，或有文献记载但至今未见可靠实物凭证资料的物种。在雾灵山曾分布有国家二级保护植物山西杓兰（*C. shanxiense*）和紫点杓兰（*C. guttatum*），以及市级保护植物小阴地蕨（*Botrychium lunaria*）和黄连木（*Pistacia chinensis*），但近年来未发现活体，其分布与生长状况有待深入调查和研究。手参（*Gymnadenia conopsea*）、裂唇虎舌兰（*Epipogium aphyllum*）、对叶兰（*Neottia puberula*）、小花蜻蜓兰（*Platanthera ussuriensis*）、北方鸟巢兰（*Neottia camtschatea*）、小叶中国蕨（*Aleuritopteris albofusca*）、漆树（*Toxicodendron vernicifluum*）、青花椒、白鲜（*Dictamnus dasycarpus*）、款冬（*Tussilago farfara*）和刺楸（*Kalopanax septemlobus*）等物种有文献记录，但未见可靠凭证资料。北京市虽有小花蜻蜓兰的记载，但至未有今可靠证据，有观点认为北京市无该物种的分布。有调查报告记载石城镇桃源仙谷有刺楸分布，雾灵山有北方鸟巢兰分布，目前未见凭证标本或影像资料。手参、对叶兰和裂唇虎舌兰为高海拔（常在1600米以上）天然林和草甸地带植物，密云区鲜有适合这些物种生长的生境，推测文献记载的具体地点可能为河北雾灵山的高山草甸地带。总之，这些物种是今后需要重点关注的种类。

总体而言，密云区野生植物资源丰富，市级新记录植物时有发现，如尖帽草（*Mitrasacme indica*）、杂配轴藜（*Axyris hybrida*）和叉唇无喙兰等（图3），保护植物种类多，且具有一些区域特色物种，如轮叶贝母、梧桐杨、铁木（*Ostrya japonica*）、云杉属古树等，保护价值高。在持续推进植物多样性本底资源调查、明确相关物种分布信息的同时，未来还应针对代表性物种，设置保护与监测小区，开展长期的生境与物候记录，开展经济价值高的物种的人工培育研究，进一步提升古流苏等特色树木的文化价值和旅游价值。物种保护、科学管理与资源利用并举，不断推进密云区的绿水青山建设，进一步发挥其金山银山效益。

图3 发现于密云区的北京市植物新记录

（左：尖帽草；右：杂配轴藜）

第二章　物种各论

一、密云区的国家级保护植物

北京水毛茛

北京水毛茛

Batrachium pekinense L. Liou

毛茛科 Ranunculaceae　**水毛茛属** *Batrachium*

保护等级：国家二级
主管单位：农业部门

　　形态特征： 多年生沉水草本，茎长约 30 厘米，无毛或节上有疏毛，具分枝；叶片轮廓楔形或宽楔形，叶二至三回开裂，三回裂叶片末端丝状，二回裂叶片末端宽常 2~3 毫米，末回裂片短线形；花白色，宽倒卵形；萼片 5，近椭圆形；雄蕊 15；瘦果近梭形或狭椭圆形。花果期 5~8 月。

　　分布与生境： 北京特有植物，见于门头沟、昌平、延庆、怀柔和密云等地，生于海拔 200~1500 米间山谷或丘陵溪水、池塘中。文献记载北京水毛茛集中分布于延庆的海坨山系和八达岭一带，最近的调查表明门头沟和密云的浅山区溪流中亦有分布。已有研究显示，北京水毛茛与水毛茛（*B. bungei*）除叶裂片宽窄有别外，在生境、花果、基因组大小等方面无明显区别，基于广泛采样的系统发育基因组学研究结果也不支持北京水毛茛的单系性。因此，有关北京水毛茛的分类学地位有待进一步研究。

红景天

Rhodiola rosea L.

景天科 Crassulaceae 红景天属 *Rhodiola*

保护等级：**国家二级**
主管单位：林草部门

形态特征：多年生草本，根粗壮，直立或倾斜，幼根表面淡黄色，老根表面褐色至棕褐色，具脱落栓皮；叶疏生、无柄，长约 3 厘米，长圆形至椭圆状倒披针形或长圆状宽卵形，边缘具粗锯齿，下部近全缘，基部稍抱茎；聚伞花序顶生，密集；花瓣 4，黄绿色；蓇葖果披针形或线状披针形，具外弯短喙；种子披针形，一侧有狭翅。花期 6月，果期 8 月。

分布与生境：产新疆、山西、河北、北京、吉林。北京见于门头沟百花山、东灵山，密云雾灵山等地，生于海拔 1500~2300 米的山坡林下或草坡上。密云区红景天资源量较少，稀疏分布于雾灵山高海拔林下石坡上。

软枣猕猴桃（软枣子）

Actinidia arguta (Sieb. et Zucc.) Planch. ex Miq.

猕猴桃科 Actinidiaceae　猕猴桃属 *Actinidia*

保护等级：国家二级
主管单位：农业部门

形态特征：大型落叶木质藤本，小枝无毛，髓白色至淡褐色，片层状；叶膜质或纸质、卵形、长圆形、阔卵形至近圆形，长约 15 厘米，边缘具锐锯齿，背脉略有毛，叶柄长可达 10 厘米；单性异株，聚伞花序腋生；花绿白色或黄绿色，芳香；花药黑色；果圆球形至柱状长圆形，有喙或喙不显著，无毛，无斑点，萼脱落，成熟时绿黄色。花期 5~6 月，果期 9~10 月。

分布与生境：从我国的东北至西南地区广有分布，资源量较大。北京山区较多，生于沟谷林缘、水边。密云区软枣猕猴桃分布广，资源量大，尤其以雾灵山、云蒙山一带为多。

野大豆

Glycine soja Sieb. et Zucc.

豆科 Fabaceae　大豆属 *Glycine*

保护等级：国家二级
主管单位：农业部门

形态特征： 一年生草质藤本，茎匍匐或缠绕，长可达 2~3 米，全株疏被褐色长硬毛；托叶卵状披针形，被黄色柔毛；三出复叶，叶形变异幅度较大，顶生小叶常卵圆形或卵状披针形，长 1~5 厘米，全缘，两面被糙伏毛；总状花序腋生；花小，花冠淡红紫色或白色；荚果矩圆形，长约 3 厘米，被黄褐色平伏毛。花期 6~8 月，果期 7~9 月。

分布与生境： 除新疆、青海和海南外，遍布全国。北京各地常见，生于潮湿的河岸、灌丛、草地及草丛，稀见于沿河岸疏林下，资源量较大。

甘草

Glycyrrhiza uralensis Fisch.

豆科 Fabaceae　甘草属 *Glycyrrhiza*

保护等级：国家二级
主管单位：林草部门

形态特征：多年生草本，根状茎粗壮，具甜味；茎、叶、花萼密被鳞片状腺点、刺毛状腺体及白色或褐色的茸毛；奇数羽状复叶，互生，小叶 5~17 枚，长约 2 厘米，卵形或长卵形，边缘全缘或微呈波状，多少反卷；总状花序腋生，具多数花；花萼钟状；花蓝紫色或紫红色；荚果弯曲呈镰刀状或呈环状，密集成球，密生瘤状突起和刺毛状腺体。花期 7~8 月，果期 8~9 月。

分布与生境：产东北、华北、西北各地区，分布较广。北京见于门头沟、延庆和昌平，常生于干旱沙地、河岸砂质地、山坡草地及盐渍化土壤中。有文献记载密云区亦有分布，目前未发现活体，有待深入调查。

黄檗（黄菠萝）

Phellodendron amurense Rupr.

芸香科 Rutaceae　黄檗属 *Phellodendron*

保护等级：国家二级
主管单位：林草部门

形态特征：多年生落叶乔木；成年树的树皮有厚木栓层，浅灰色或灰褐色，深沟状或不规则网状开裂，内皮薄，鲜黄色；奇数羽状复叶对生，小叶卵状披针形或卵形，长约6厘米，幼叶被疏毛，老叶光滑；复聚伞花序，雌雄异株；萼片5，卵状三角形；花瓣5，淡绿色，长圆形；雄蕊5，基部被毛；核果浆果状，近球形，蓝黑色。花期5~6月，果期9~10月。

分布与生境：主产于东北和华北各地。北京见于房山、门头沟、延庆、怀柔和密云，多生于山地杂木林中或山区河谷沿岸。黄檗是著名的药用植物，适应性强，喜阳光，耐严寒。密云区黄檗主要分布于云蒙山和雾灵山等深山区，种群更新良好，幼苗较多，可进一步开发、利用。

紫椴

Tilia amurensis Rupr.

锦葵科 Malvaceae　椴属 *Tilia*

保护等级：国家二级
主管单位：林草部门

  形态特征：高大落叶乔木，树皮暗灰色，老时纵裂；叶互生，宽卵形或近圆形，长约 6 厘米，先端尾尖，基部心形；聚伞花序，基部具匙形或长椭圆形苞片；花萼 5，被疏毛；花瓣 5，长条形，黄白色，光滑；雄蕊多数，无退化雄蕊；坚果球形或长圆形，被褐色星状毛。花期 7 月，果期 9 月。

  分布与生境：主要分布于黑龙江、吉林及辽宁，北京密云、延庆等地也有分布，生长在杂木林或混交林中。密云雾灵山深山区有较多紫椴分布，粗者胸径可达 40 厘米，种群蔚为壮观。

19

轮叶贝母（一轮贝母）

Fritillaria maximowiczii Freyn

百合科 Liliaceae　贝母属 *Fritillaria*

保护等级：国家二级
主管单位：农业部门

　　形态特征：多年生草本，鳞茎直径约 1 厘米，由大的鳞片和小的米粒状鳞片组成；开花植株的叶条状或条状披针形，先端不卷曲，通常每 3~6 枚排成一轮，稀 2 轮；花单朵顶生，下垂，少有 2~3 朵；花阔钟状，棕红色，花被片 6，偶见纯绿色花被片；雄蕊 6，花柱长，柱头 3 深裂；蒴果椭圆形，边缘有 6 条纵向棱翅；种子扁平翅状。花期 5 月，果期 7 月。

　　分布与生境：产东北地区至河北北部，北京密云雾灵山是该物种分布区南缘，也是北京地区已知的唯一分布点。轮叶贝母生长于雾灵山海拔 1200~1700 米的阔叶林下或开阔处，每年开花个体少，且花朵时遭野生动物啃食，亟待进一步加强就地保护和监测。

紫点杓兰（斑花杓兰）

Cypripedium guttatum Sw.

兰科 Orchidaceae　杓兰属 *Cypripedium*

保护等级：国家二级
主管单位：林草部门

　　形态特征： 多年生草本，根状茎细长，横走，黄白色；茎直立，被短柔毛，基部具棕色叶鞘；叶 2 枚，极罕 3 枚；叶片椭圆形、卵形或卵状披针形，长约 10 厘米，全缘；单花顶生，白色而具紫色斑块；萼片椭圆形、卵状披针形；唇瓣多少近球形，直径约 2 厘米；蒴果近狭椭圆形，纵裂，下垂，有毛。花期 6 月，果期 8 月。

　　分布与生境： 产东北、华北、西北至西南地区，北京见于门头沟百花山、延庆海坨山、密云雾灵山等高山区域，生于海拔 1500 米以上的林下、灌丛或草地上。

大花杓兰（大口袋花）

Cypripedium macranthos Sw.

兰科 Orchidaceae　杓兰属 *Cypripedium*

保护等级：国家二级
主管单位：林草部门

形态特征： 多年生草本，根状茎横走，粗壮，茎直立，被短柔毛或几无毛，基部具2~3枚叶鞘；叶3~6枚，互生，叶片椭圆形或椭圆状卵形，长达20厘米；单花顶生，少2朵，苞片叶状；花大，紫色、红色或粉红色，通常有暗色脉纹；萼片卵形；唇瓣深囊状，椭圆形，直径约5厘米；蒴果狭椭圆形，长约3厘米，无毛。花期6月，果期8月。

分布与生境： 产东北、华北、西北、西南高山区和台湾，北京见于门头沟、房山、延庆、密云等地，生于海拔800米以上的林下、林缘或草坡上。大花杓兰观赏价值极高，密云区目前仅雾灵山见1丛活体，有待进一步加强保护和繁育工作。

山西杓兰

Cypripedium shanxiense S. C. Chen

兰科 Orchidaceae   杓兰属 *Cypripedium*

保护等级：国家二级
主管单位：林草部门

形态特征：多年生草本，具匍匐根状茎，茎直立，被短柔毛和腺毛，基部具数枚鞘；具 3~4 枚互生的叶，叶片椭圆形至卵状披针形，长约 15 厘米；花序顶生，通常具 1~2 花；花苞片叶状；花褐色至紫褐色，萼片披针形或卵状披针形，深褐色；唇瓣黄色，深囊状，近球形至椭圆形，长 2~3 厘米；蒴果狭椭圆形，有毛或无。花期 5~6 月，果期 8 月。

分布与生境：产华北至西北地区，北京见于延庆玉渡山和海坨山，生于海拔 1000 米左右的杂木林下、林缘。怀柔喇叭沟门和密云雾灵山曾有分布（凭证标本见于北京师范大学标本馆），目前活体情况不详，有待进一步调查。

手参

Gymnadenia conopsea (L.) R. Br.

兰科 Orchidaceae　手参属 *Gymnadenia*

保护等级：国家二级
主管单位：农业部门

形态特征： 多年生草本，高 20~60 厘米；块茎椭圆形，肉质，下部掌状分裂；叶 3~5 枚，肉质，常生于茎下半部，狭长圆形或带形，长 8~15 厘米，宽 1~2 厘米，基部收狭成抱茎的鞘；总状花序具多数密生的花，圆柱形；花苞片披针形；花粉红色或蓝紫色，花色以粉色为主，少数蓝紫色，罕为粉白色；唇瓣向前伸展，宽倒卵形，前部 3 裂，中裂片稍大，顶端钝；距细而长，狭圆筒形，下垂镰刀状内弯；蒴果圆柱状，长约 2 厘米。花果期 7~8 月。

分布与生境： 产东北、华北、西北和西南地区，北京见于门头沟百花山、延庆海坨山、密云雾灵山等高山区，生于海拔 1500 米以上的亚高山草甸地带。

小阴地蕨

小阴地蕨（扇羽阴地蕨）

Botrychium lunaria (L.) Sw.

瓶尔小草科 Ophioglossaceae　小阴地蕨属 *Botrychium*

保护等级：北京市级

　　形态特征： 多年生草本，根状茎极短；总叶柄基部有棕色或深棕色的托叶状的苞片，宿存；不育叶片（营养叶）为阔披针形，一回羽状全裂，羽片4~6对，小裂片扇形，长近1厘米，先端圆形，浅裂，叶无明显中脉；孢子叶自不育叶片的基部抽出，孢子囊穗1~2次分裂，为狭圆锥形。5月发芽，生出孢子叶，夏末地上部分枯萎。

　　分布与生境： 产东北、华北、西北地区及台湾高山区域，北京见于门头沟、延庆、怀柔和密云，生于中山、高山区域阔叶杂木林下。密云雾灵山曾有分布（凭证标本见于北京师范大学标本馆），目前未见活体，有待进一步调查。

小叶中国蕨

Aleuritopteris albofusca (Baker) Pic. Serm.

凤尾蕨科 Pteridaceae　粉背蕨属 *Aleuritopteris*

保护等级：北京市级

形态特征：多年生低矮草本，根状茎短而直立，被栗黑色而有棕色狭边的披针形鳞片；叶柄光滑细长；叶片五角形，二回羽状深裂；背面被腺体，分泌白色蜡质粉末；孢子囊群生小脉顶端，囊群盖膜质，淡棕色至褐棕色，边缘具不整齐的浅波状圆齿。

分布与生境：产西南、西北、华中和华北地区，北京见于房山、门头沟、怀柔和密云，生于林下及灌丛石灰岩缝隙之中。

草麻黄

Ephedra sinica Stapf

麻黄科 Ephedraceae　麻黄属 *Ephedra*

保护等级：北京市级

形态特征：小灌木，常呈草本状，木质茎棕色、短小，小枝细长，圆柱形，淡绿色至黄绿色，具细纵脊线，节明显；叶膜质鞘状，对生，极小；雌雄异株；雄球花有多数密集的雄花，雌球花单生枝顶，上面一对苞片内有雌花 2 朵。球果红色，种子 2 粒。花期 5~6 月，果期 8~9 月。

分布与生境：产东北、华北地区及陕西，北京见于门头沟、昌平、延庆和密云等地，生于山坡、平原、干燥荒地、河床及草原等处。

华北落叶松

Larix gmelinii var. *principis-rupprechtii* (Mayr) Pilg.

松科 Pinaceae　落叶松属 *Larix*

保护等级：北京市级

形态特征：多年生落叶针叶乔木，树冠圆锥形；树皮暗灰褐色，不规则纵裂，呈小块片状脱落；长枝上的叶螺旋状散生，短枝上的叶簇生；叶长条状针形；球果卵圆形或圆柱状卵形，种鳞背面光滑无毛，边缘不反卷，苞鳞短于种鳞，种子具长翅。花期5月，果期10月。

分布与生境：华北地区特有物种，北京见于门头沟、延庆和密云等高海拔山地，生于海拔1400米以上的山脊或阴坡，平原区亦有栽培。

白杆

Picea meyeri Rehd. et Wils.

松科 Pinaceae　云杉属 *Picea*

保护等级：北京市级

形态特征：常绿乔木，树皮灰褐色，裂成不规则的薄块片状脱落；大枝近平展，树冠塔形；小枝基部宿存，芽鳞先端开展或微反卷；叶辐射状伸展分布主枝上，侧枝的两侧和枝条下叶片向上弯曲，四面有白色气孔线，横截面菱形；雄球花生于枝顶，雌球花腋生；球果矩圆状圆柱形，成熟时黄褐色或红褐色，下垂；种子倒卵形，具翅，成熟时常脱落。花期 4~5 月，果期 10 月。

分布与生境：主要分布于华北地区，北京见于密云雾灵山，生于亚高山林中，耐寒、耐阴。其观赏价值高，各地广泛栽培。

青杆

Picea wilsonii Mast.

松科 Pinaceae   云杉属 *Picea*

保护等级：北京市级

形态特征：常绿乔木，树皮灰色或暗灰色，裂成不规则鳞状块片脱落；枝条近平展，树冠塔形；小枝基部宿存，芽鳞紧贴枝干；叶线形，较细，气孔带少，白粉较少；球果卵状圆柱形或圆柱状长卵圆形，下垂；种子倒卵圆形，种翅倒宽披针形，成熟后脱落。花期 4~5 月，果期 10 月。

分布与生境：分布于华北、西北地区（除新疆）及湖北、四川等地，北京见于密云雾灵山腹地，各地均有引种栽培。

少花万寿竹

Disporum uniflorum Baker ex S. Moore

秋水仙科 Colchicaceae　万寿竹属 *Disporum*

保护等级：北京市级

形态特征：多年生草本，茎直立，上部具分枝；叶互生，卵形或椭圆形，长近9厘米，顶端骤渐尖，脉上和边缘有乳头状突起；伞形花序生于茎和分枝顶端，具1~3花，花黄色，下垂；花被片6，基部具短距；雄蕊6，内藏；浆果近球形，成熟时蓝黑色。花期5~6月，果期7~8月。

分布与生境：产华中、华东及华北地区，北京见于房山、门头沟、昌平、密云和平谷，生于山坡或沟谷林下。

宝珠草

Disporum viridescens (Maxim.) Nakai

秋水仙科 Colchicaceae　万寿竹属 *Disporum*

保护等级：北京市级

形态特征：多年生草本，根多而细；根状茎短，通常有长匍匐茎；叶纸质，椭圆形至卵状矩圆形，长约 5 厘米，侧脉明显；花淡绿色至白色，1~2 朵生于茎或枝的顶端；花被片张开，矩圆状披针形，基部囊状；柱头 3 裂，向外弯卷；浆果球形，黑色。花期 5~6 月，果期 7~8 月。

分布与生境：产东北至华北地区，北京见于海淀、昌平和密云等地，生杂木林下、沟谷边。

七筋姑

Clintonia udensis Trantv. et C. A. Mey.

百合科 Liliaceae　七筋姑属 *Clintonia*

保护等级：北京市级

形态特征：多年生草本，根状茎短，横走；叶基生，椭圆形、倒卵状长圆形或倒披针形，长约 18 厘米，近肉质，基部呈鞘状抱茎或后期伸长成柄状；总状花序有花 3~12 朵，花梗密生白色柔毛；花被片 6，白色，少有淡蓝色；浆果球形至矩圆形，熟时蓝黑色。花期 5~6 月，果期 7~8 月。

分布与生境：产东北、华北、华中至西南地区，北京见于门头沟、怀柔和密云，生于海拔 1500 米左右高山疏林下或阴坡疏林下。

有斑百合

Lilium concolor var. *pulchellum* (Fisch.) Regel

百合科 Liliaceae　百合属 *Lilium*

保护等级：北京市级

形态特征：多年生草本，鳞茎卵球形，白色；叶互生，长披针形，长约 8 厘米；花顶生，直立，不反卷，多具 2~3 朵花，花红色，偶见橙黄色；花被片 6，花被片上有紫黑色斑点；蒴果长卵形，室背开裂。花期 6~7 月，果期 8~9 月。

分布与生境：产东北至华北地区，北京常见于山区，生于山坡林缘、灌草丛和亚高山草甸，资源丰富。

山丹（细叶百合）

Lilium pumilum DC.

百合科 Liliaceae　百合属 *Lilium*

保护等级：北京市级

形态特征：多年生草本，鳞茎卵形或圆锥形，白色；叶互生，长线形，中脉背面突出；花 1~3 朵多顶生或数朵排成总状花序；花被片 6，鲜红色，通常无斑点，有时有少量斑点，下垂；花被片反卷；蒴果矩圆形，室背开裂。花期 7~8 月，果期 9~10 月。

分布与生境：产东北、华北至西北地区，北京山区常见，生于山坡草地或林缘。

菰（菰笋、茭白）

Zizania latifolia (Griseb.) Stapf

禾本科 Poaceae　菰属 *Zizania*

保护等级：北京市级

　　形态特征：多年生草本，具匍匐根状茎；秆高大直立，具多数节，基部节上生不定根；叶鞘长于节间，肥厚，有小横脉；叶片扁平宽大，长可达 1 米；圆锥花序，分枝多数簇生；雄小穗两侧压扁，着生于花序下部或分枝之上部，带紫色；雌小穗圆筒形；颖果圆柱形，胚小。花果期 7~9 月。

　　分布与生境：产东北、华北、华中至华南地区，北京见于海淀、大兴和密云，各区湿地水域常见栽培。

凹舌兰（凹舌掌裂兰）

Dactylorhiza viridis (L.) R. M. Bateman, Pridgeon et M. W. Chase

兰科 Orchidaceae　掌裂兰属 *Dactylorhiza*

保护等级：北京市级

形态特征：陆生兰，高 14~45 厘米；块茎肉质，前部呈掌状分裂；茎直立，基部具 2~3 枚鞘，中部至上部具 3~4 枚叶；叶椭圆形或椭圆状长披针形，长约 10 厘米，宽 2 厘米，顶端钝或急尖，基部收狭成鞘抱茎；总状花序具多数花，长 4~15 厘米；花绿黄色或绿棕色；唇瓣扁平、下垂，先端有凹口；蒴果直立，椭圆形，无毛。花期 6~7 月，果期 8~9 月。

分布与生境：产东北、华北至华中地区，北京见于门头沟百花山、延庆海坨山、密云雾灵山等地，常生于 1000 米以上亚高山林下、林缘或草地。

火烧兰(小花火烧兰)

Epipactis helleborine (L.) Crantz.

兰科 Orchidaceae　火烧兰属 *Epipactis*

保护等级：北京市级

形态特征：陆生兰，高 20~65 厘米；根状茎短，具细而长的根；茎上部被短柔毛，下部有 3~4 枚鞘；叶 2~5 枚，互生；叶片卵圆形、卵形至椭圆状披针形，长约 8 厘米；总状花序具多朵花；花苞片叶状，卵形至披针形；花黄绿色，花瓣较小，卵状披针形；子房倒卵形，无毛；蒴果倒卵状椭圆形，具极疏的短柔毛。花期 7 月，果期 9 月。

分布与生境：产辽宁、河北和北京，北京见于房山、门头沟、延庆和密云等地，生于阔叶林下、草丛或沟边。

裂唇虎舌兰

Epipogium aphyllum (F. W. Schmidt) Sw.

兰科 Orchidaceae　虎舌兰属 *Epipogium*

保护等级：北京市级

　　形态特征：腐生兰，茎白色；根状茎直立，淡褐色，肉质，无绿叶，具数枚膜质鞘；总状花序顶生，具 3~6 朵花；花较大，长约 2 厘米；萼片披针形或狭长圆状披针形，黄色，唇瓣白色，有紫色斑点；蒴果短棒状，长约 2 厘米。花果期 8~9 月。

　　分布与生境：产东北、华北、西北及西南山区，北京见于门头沟百花山、延庆海坨山、密云雾灵山，生于海拔 1000 米以上亚高山林下、林缘。

北京无喙兰

Holopogon pekinensis X. Y. Mu et Bing Liu

兰科 Orchidaceae　无喙兰属 *Holopogon*

保护等级：北京市级

形态特征：腐生兰，高 18~25 厘米；茎直立，白色至淡绿色，无绿叶；花序绿色，下有白色膜质鞘 2~3 枚；花直立，辐射对称，绿色，直径约 1 厘米，开花时花被片全部展开；萼片窄条形，有一条中脉，外侧略被毛；花瓣略宽，唇瓣与花瓣同形。花果期 8~9 月。

分布与生境：中国特产兰科植物，目前仅见于北京，产门头沟、延庆和密云，见于海拔 1000 米左右山区沟谷杂木林下。

角盘兰

Herminium monorchis (L.) R. Br., W. T. Aiton

兰科 Orchidaceae　角盘兰属 *Herminium*

保护等级：北京市级

形态特征：陆生兰，高约 20 厘米；块茎球形，肉质；茎直立，无毛，下部具 2~3 枚叶；叶片狭椭圆状披针形或狭椭圆形，长约 8 厘米；总状花序具多数花，圆柱状，长达 15 厘米；花小，黄绿色，垂头，萼片近等长，唇瓣基部凹陷，近中部 3 裂；子房无毛；蒴果短棒状，长约 1 厘米。花期 6~7 月，果期 7~9 月。

分布与生境：产于东北、华北、西北、华东及西南地区，北京见于门头沟百花山、东灵山，延庆海坨山和密云雾灵山等地，生于山坡阔叶林至针叶林下、灌丛下、山坡草地或河滩沼泽草地中。

羊耳蒜

Liparis campylostalix H. G. Reichenbach

兰科 Orchidaceae 羊耳蒜属 *Liparis*

保护等级：北京市级

形态特征：陆生兰，高 15~30 厘米，全株无毛。块茎扁球形，为残叶包被，如蒜头状。叶 2 枚，有柄，椭圆形或宽卵形，长 5~10 厘米，宽 2.5~6 厘米，叶基下延成鞘，抱茎。花茎高达 20 厘米；花序具花多朵；花绿色至淡紫色，唇瓣扁平，广卵形或近椭圆形，长约 1 厘米，不分裂，其余花被片均较狭窄；子房稍扭转；蒴果。花期 6~8 月，果期 9 月。

分布与生境：分布于东北、华北至西南地区，北京见于房山、门头沟、延庆、怀柔和密云等地，生于阔叶林或针阔混交林下、林缘或草地。

原沼兰(沼兰)

Malaxis monophyllos (L.) Sw.

兰科 Orchidaceae　原沼兰属 *Malaxis*

保护等级：北京市级

形态特征：陆生兰，高 9~35 厘米；假鳞茎卵形，被白色干膜质鞘；叶通常 1 枚，较少 2 枚，狭椭圆形至卵状椭圆形或卵状披针形，顶端急尖，基部浑圆或收狭，鞘状叶柄长 1.5~5 厘米；圆柱形总状花序；花小，长不足 5 毫米，密集生于花莛上，绿色；花瓣条形，常外折；唇瓣位于上方，宽卵形，顶端骤尖而呈尾状，长 2~3 毫米，凹陷，上部边缘外折并具疣状突起，基部两侧各具 1 片耳状侧裂片；蕊柱短，有短柄。花果期 7~8 月。

分布与生境：产东北、西北、华北和西南等地区，北京见于门头沟、延庆、密云等地，生于海拔 800 米以上林下、灌丛中或草坡上。

尖唇鸟巢兰

Neottia acuminata Schltr.

兰科 Orchidaceae 鸟巢兰属 *Neottia*

保护等级：北京市级

形态特征：腐生兰，高 14~30 厘米，具根状茎和多数肉质根；植株黄褐色，茎直立，无毛，中部以下具 3~5 枚鞘，无绿叶；总状花序顶生，通常具 20 余朵花；花小，黄褐色，常 3~4 朵聚生而呈轮生状；萼片、花瓣、唇瓣相似，狭披针形至狭卵形，唇瓣不裂；合蕊柱很短，长约 1 毫米；花药直立；蕊喙甚大，舌状；子房椭圆形，无毛，长 2.5~3 毫米；蒴果椭圆形。花果期 6~8 月。

分布与生境：产东北、华北、西北和西南地区，北京见于门头沟、延庆、怀柔和密云等地，生于海拔 1000 米以上的林下或荫蔽草坡上。

北方鸟巢兰（堪察加鸟巢兰）

Neottia camtschatea (L.) Rchb. f.

兰科 Orchidaceae　鸟巢兰属 *Neottia*

保护等级：北京市级

形态特征：腐生兰，高 10~30 厘米，具曲折的根状茎及多数肉质根；茎直立，深绿色至褐色，上部疏被乳突状短柔毛，中部以下具 2~5 枚鞘，无绿叶；总状花序，花莛长 5~15 厘米，具 10~20 余朵花；花绿白色，花瓣条形，唇瓣楔形，长约 1 厘米，先端 2 裂；合蕊柱长 3 毫米；子房椭圆形，具乳突状短柔毛，长 2~3 毫米；花梗长 2.5~4 毫米。花果期 7~8 月。

分布与生境：产华北和西北地区，北京见于门头沟百花山、延庆海坨山，生于海拔 1000 米以上的林下或林缘腐殖质丰富、湿润处。有文献记载密云有分布，未见活体，有待深入调查。

对叶兰（华北对叶兰）

Neottia puberula (Maxim.) Szlach.

兰科 Orchidaceae　鸟巢兰属 *Neottia*

保护等级：北京市级

形态特征：陆生兰，直立，具细长根状茎。茎纤细，具 2 枚对生叶，叶以上的部分被短柔毛。叶生于茎中部、心形、阔卵形或阔卵状三角形。总状花序长 2.5~6 厘米，具 4~7 朵稀疏的花，绿色，很小，无毛，唇瓣长条形，先端 2 裂。合蕊柱稍弯曲，蕊喙宽卵形；子房长 6 毫米；花梗长 3~4 毫米，具短柔毛；蒴果倒卵形。花期 7~9 月，果期 9~10 月。

分布与生境：分布于青海、甘肃、山西、河北以及东北地区等。北京见于门头沟百花山、延庆海坨山，生于海拔 1500 米以上的密林下阴湿处。有文献记载密云有分布，未见活体，有待深入调查。

叉唇无喙兰

Neottia smithiana Schltr.

兰科 Orchidaceae　鸟巢兰属 *Neottia*

保护等级：北京市级

形态特征：腐生兰，高约 25 厘米；茎、花被毛；茎直立，无绿叶，中部以下具 3~5 枚鞘；总状花序顶生，具 15~25 朵花；花斜展，扭转，绿色；萼片狭卵状椭圆形，长约 5 毫米；花瓣线形，唇瓣长圆状倒卵形，基部收狭，边缘具细缘毛，先端有裂口；蒴果长约 1 厘米，被毛。花期 8~9 月。

分布与生境：产北京、河南、陕西和四川，北京见于密云云蒙山，生于海拔 1000 米的阔叶林下。目前仅见 1 株，有待进一步调查本底资源。

多叶舌唇兰

Platanthera densa (Wall. ex Lindl.) Soó

兰科 Orchidaceae　舌唇兰属 *Platanthera*

保护等级：北京市级

　　形态特征：陆生兰，高 30~50 厘米；块茎卵状，1~2 枚，肉质；茎直立，无毛；基生叶常 2 枚，椭圆形或倒披针形，长约 15 厘米，略肉质；总状花序具 10 余朵花；苞片披针形，与子房等长；花较大，绿白色或白色；花瓣狭披针形；唇瓣舌状，肉质；距棒状圆筒形，长 2.5~3.6 厘米；子房细圆柱状，弧曲，上端下弯，无毛。花期 6~7 月，果期 7~8 月。

　　分布与生境：产东北、华北、西北、西南等地区，分布广泛，北京见于各区山地，生于海拔 400 米以上的山坡林下或草丛中。

蜻蜓兰(蜻蜓舌唇兰)

Platanthera souliei Kraenzl.

兰科 Orchidaceae　舌唇兰属 *Platanthera*

保护等级：北京市级

形态特征：陆生兰，高 20~50 厘米；根状茎指状，肉质；茎下部的 2~3 枚叶较大，大叶片倒卵形或椭圆形，顶端钝；总状花序狭长，具多数密生的花；花苞片狭披针形，常长于子房；花小，黄绿色，长不足 1 厘米；唇瓣舌状披针形，基部两侧各具 1 枚小的侧裂片，侧裂片三角状镰形；蕊柱顶端两侧各具 1 枚钻状退化雄蕊。花期 6~7 月，果期 9~10 月。

分布与生境：产东北、华北至华中地区，北京见于房山、门头沟、延庆、怀柔和密云等地，生于海拔 400 米以上的山坡林下或沟边。

小花蜻蜓兰

Platanthera ussuriensis (Regel et Maack) Maxim.

兰科 Orchidaceae　舌唇兰属 *Platanthera*

保护等级：北京市级

　　形态特征：陆生兰，高 20~55 厘米。根状茎指状，肉质，细长；下部具 2~3 枚叶，大叶片匙形或狭长圆形，宽不超过 3 厘米；总状花序具 10~20 余朵较疏生的花，长 5~10 厘米；花较小，淡黄绿色；花瓣狭矩圆形；唇瓣舌状披针形，基部两侧各具 1 枚半圆形的侧裂片。花期 7~8 月，果期 9~10 月。

　　分布与生境：产东北、华北、华中等地区，文献记载北京门头沟妙峰山和密云等山区有分布，未见可靠凭证资料，有待深入调查。

二叶兜被兰

Ponerorchis cucullata (L.) X. H. Jin, Schuit. et W. T. Jin

兰科 Orchidaceae　小红门兰属 *Ponerorchis*

保护等级：北京市级

形态特征：陆生兰，高 4~24 厘米；块茎圆球形或卵形；茎直立或近直立，基部具 1~2 枚圆筒状鞘，其上具 2 枚近对生的叶；叶片卵状披针形，叶正面有时具紫红色斑点；总状花序具几朵至 20 余朵花，常偏向一侧；花紫红色，萼片和花瓣均具 1 脉，唇瓣基部全缘，前部 3 裂；果实短棒状。花期 8~9 月，果期 9~10 月。

分布与生境：产东北、西北、华北和华东等地区，北京见于房山、门头沟、延庆和密云等地，生于海拔 400 米以上的山坡林下或草地，常见于油松林下或其附近。

绥草（盘龙参）

Spiranthes sinensis (Pers.) Ames

兰科 Orchidaceae　绥草属 *Spiranthes*

保护等级：北京市级

形态特征： 陆生兰，高 15~50 厘米；根数条，指状，肉质，簇生于茎基部；茎较短，近基部生 2~5 枚叶；叶片宽线形或宽线状披针形，直立伸展，长可达 20 厘米；花序顶生，具多数密生的小花，似穗状；花粉紫色，偶有白色，螺旋状排列；苞片卵状披针形，先端长渐尖；花瓣和中萼片等长，顶端钝；唇瓣近矩圆形，顶端钝，顶端伸展，基部至中部边缘全缘，中部之上具强烈的皱波状啮齿，基部稍凹陷，呈浅囊状，囊内具 2 枚突起。花期 8~9 月，果期 9~10 月。

分布与生境： 全国广布，北京见于各区平原和山地，生于平原湿地、山区林下、林缘或山坡上。

红毛七（类叶牡丹）

Caulophyllum robustum Maxim.

小檗科 Berberidaceae　红毛七属 *Caulophyllum*

保护等级：北京市级

形态特征：多年生草本；茎生叶互生，二至三回三出复叶；小叶卵形、长圆形或阔披针形，有时 2~3 裂；圆锥花序顶生；花淡黄绿色；萼片 6，倒卵形，花瓣状；花瓣 6，扇形；雄蕊 6；雌蕊单一，子房 1 室，具 2 枚基生胚珠，花后子房开裂；种子浆果状球形，微被白粉，熟后蓝黑色，外被肉质假种皮。花期 5~6 月，果期 7~9 月。

分布与生境：产东北、华北、华中等地区，北京见于延庆、怀柔、密云，生于海拔 900 米以上的林下、山坡或山沟阴湿处。

金莲花

Trollius chinensis Bunge

毛茛科 Ranunculaceae　金莲花属 *Trollius*

保护等级：北京市级

形态特征：多年生草本，茎高 30~70 厘米，疏生 2~4 叶；基生叶 1~4 枚，有长柄；叶片五角形，基部心形，3 全裂；茎生叶似基生叶，向上渐小；花单独顶生或 2~3 朵组成稀疏的聚伞花序；萼片 10 余片，金黄色，似花瓣，最外层椭圆状卵形或倒卵形；花瓣 18~21 片，狭长线形；雄蕊多数；心皮 20~30；蓇葖果具稍明显的网脉；种子黑色、光滑。花期 6~7 月，果期 8~9 月。

分布与生境：分布于东北、华北等地区，北京见于房山、门头沟、延庆、怀柔和密云等地，生于海拔 800 米以上山地草坡或疏林下。

草芍药

Paeonia obovata Maxim.

芍药科 Paeoniaceae　芍药属 *Paeonia*

保护等级：北京市级

形态特征： 多年生草本，基部生数枚鞘状鳞片；叶 2~3 枚，茎下部叶为二回三出复叶，上部为三出复叶或单叶；顶生小叶倒卵形或宽椭圆形，较大；侧生小叶较小，同形；单花顶生；萼片 3~5，宽卵形，淡绿色；花瓣 6，白色、红色、紫红色，倒卵形；雄蕊多数；心皮 2~4，无毛；蓇葖果弯月形，成熟时果皮反卷，呈红色。花期 5~6 月，果期 8~9 月。

分布与生境： 分布于华北、西北和华中等地区，北京见于房山、门头沟、延庆、怀柔和密云等地，生于海拔 600 米以上的林下或山坡草地。

小丛红景天

Rhodiola dumulosa (Franch.) S. H. Fu

景天科 Crassulaceae　红景天属 *Rhodiola*

保护等级：北京市级

形态特征：多年生草本，常丛生，高约 30 厘米；根状茎块状，粗壮，有少数分枝，地上部分常被有残留的老枝；叶互生，线形至宽线形，长约 1 厘米，基部无柄，先端稍尖，全缘；花序聚伞状，有花 4~7 朵；花瓣 5，白色或红色，披针状长圆形；雄蕊 10，较花瓣短；心皮 5，卵状长圆形；花药黄色；蓇葖果小，种子具狭翅；花期 6~8 月，果期 8 月。

分布与生境：产东北、西北至华中地区，北京见于门头沟、延庆和密云，生于海拔 1000 米以上的山坡草甸或石丛中。密云雾灵山有少量分布，生于山顶开阔处。

狭叶红景天

Rhodiola kirilowii (Regel) Maxim.

景天科 Crassulaceae 红景天属 *Rhodiola*

保护等级：北京市级

形态特征：多年生草本，高近60厘米；根粗，直立，先端有多数膜质鳞片；叶互生，条形至条状披针形，长约5厘米，先端急尖，边缘有疏锯齿或有时全缘，无柄或基部有短柄；花序伞房状，有多花；雌雄异株；花瓣绿黄色，倒披针形；雄蕊长为花瓣2倍；蓇葖果披针形；种子长圆状披针形。花期6~8月，果期7~9月。

分布与生境：产西北、西南和华北等地区，北京见于房山、门头沟、延庆和密云，生于海拔1000米以上的山地多石草地上或石坡上。密云雾灵山有少量分布，生于山顶开阔处。

齿叶白鹃梅

Exochorda serratifolia S. Moore

蔷薇科 Rosaceae　白鹃梅属 *Exochorda*

保护等级：北京市级

　　形态特征： 落叶灌木，高达 2 米；叶片椭圆形或长圆状倒卵形，中部以上有锐锯齿，下面全缘，具羽状脉；总状花序，有花 4~7 朵，无毛；萼片三角状卵形；花瓣 5 枚，长圆形至倒卵形，白色；雄蕊 25，心皮 5；蒴果倒圆锥形，具 5 棱。花期 5~6 月，果期 7~8 月。

　　分布与生境： 产东北、华北地区，北京见于延庆、怀柔和密云，生于山坡、河边、灌木丛中。

蒙古黄芪（膜荚黄芪）

Astragalus membranaceus var. *mongholicus* (Bunge) P. K. Hsiao

豆科 Fabaceae　黄芪属 *Astragalus*

保护等级：北京市级

形态特征：多年生草本，较高大；主根肥厚，木质，多分枝；茎直立，有细棱；奇数羽状复叶，互生，椭圆形，长约 1 厘米；托叶离生，卵形、披针形或线状披针形，叶下疏被白柔毛；总状花序稍密集，总花梗与叶近等长，果期明显伸长；花萼外面疏被黑色柔毛；花冠黄色或淡黄色；荚果薄膜质，膨胀。花期 7~8 月，果期 8~9 月。

分布与生境：产东北、西北、华北和西南地区，北京见于门头沟、密云等地，生长于向阳草地及山坡上。密云雾灵山分布较多，常见于路边、山坡上。

水榆花楸

Sorbus alnifolia (Sieb. et Zucc.) K. Koch

蔷薇科 Rosaceae　花楸属 *Sorbus*

保护等级：北京市级

形态特征：落叶乔木，树皮光滑；小枝圆柱形，具灰白色皮孔；叶片卵形至椭圆卵形，长约 6 厘米，边缘有不整齐的尖锐重锯齿，有时微浅裂，叶两面无毛或仅在背面中脉、侧脉上微具短柔毛；复伞房花序顶生，总花梗及小花梗具稀疏柔毛；萼片三角形，内面密被白色茸毛；花瓣较小，白色；果实椭圆形或卵形，红色或黄色。花期 5 月，果期 8~9 月。

分布与生境：产东北、华北、华中等地区，北京见于昌平、延庆、怀柔、密云和平谷等地，生于海拔 500 米以上山坡、山沟或山顶混交林中。

北京花楸（白果花楸）

Sorbus discolor (Maxim.) Maxim.

蔷薇科 Rosaceae 花楸属 *Sorbus*

保护等级：北京市级

形态特征：落叶乔木，树皮灰色，有横向密集皮孔；芽鳞和枝条光滑无毛；羽状复叶互生，小叶片椭圆形，长约 2 厘米，叶片背面无毛，边缘有锯齿或重锯齿；复伞房花序顶生，总花梗及小花梗光滑或具稀疏柔毛；花白色；果实椭圆形或卵形，白色。花期 5 月，果期 9 月。

分布与生境：产东北、华北地区至甘肃等地，北京见于房山、门头沟、延庆和密云等地，生于海拔 500 米以上山坡、山沟或山顶混交林中。

脱皮榆

Ulmus lamellosa Wang et S. L. Chang ex L. K. Fu

榆科 Ulmaceae　榆属 *Ulmus*

保护等级：北京市级

形态特征：落叶乔木，树皮淡灰色，呈不规则薄片状脱落，内皮初为淡黄绿色，后变灰，皮孔明显，小枝无扁平对生木栓翅；叶倒卵形，长约 6 厘米，先端尾尖，叶面粗糙，密生硬毛或有毛迹；花叶同放；花被片 6，边缘有长毛；翅果散生于新枝近基部，或少数簇生于 2 年生枝条上，圆形至近圆形，两面及边缘有密毛。花期 4 月，果期 5 月。

分布与生境：分布于华北、华中地区山地，北京见于房山、门头沟、延庆、怀柔和密云等地，生于海拔 500 米以上山坡、山沟或山顶混交林中。

青檀

Pteroceltis tatarinowii Maxim.

大麻科 Cannabaceae　青檀属 *Pteroceltis*

保护等级：北京市级

　　形态特征：落叶乔木，树皮灰色或深灰色，幼时光滑，老时不规则长片状剥落；小枝栗褐色或灰褐色，细弱，具柔毛；枝条有时具木栓质翅；叶互生，纸质，卵形，长约6厘米，叶中上部边缘具重锯齿，中下部全缘；三出脉，基部偏斜，两面均被毛；花单性，雌雄同株，簇生于叶腋；坚果椭圆形，边缘具翅。花期5月，果期6~7月。

　　分布与生境：分布于华北、华中、西南、西北等地区，北京见于房门、门头沟、昌平、密云等地，常生于石灰岩生境的山脚、溪边。

铁木

Ostrya japonica Sarg.

桦木科 Betulaceae　铁木属 *Ostrya*

保护等级：北京市级

形态特征：落叶乔木，树皮暗灰色，粗糙，长条状纵裂、卷曲；枝条暗灰褐色，具不显著的条棱，皮孔疏生；叶卵形至卵状披针形，长约 10 厘米，边缘具不规则的重锯齿，叶脉在正面微陷，背面微隆起，脉腋处有柔毛；雄花序单生叶腋或 2~4 枚聚生，下垂；果苞膜质，膨胀，倒卵状矩圆形或椭圆形，完全包被小坚果；小坚果长卵圆形，淡褐色，有光泽，具数肋。花期 5~6 月，果期 9 月。

分布与生境：产东北、华北、西北至西南地区山地，北京见于延庆和密云，生于海拔 1000 米的山坡林中。雾灵山云岫谷内有较大面积铁木分布，但林下土壤贫瘠、碎石多，或不利于种群更新。

梧桐杨

Populus pseudomaximowiczii C. Wang et Tung

杨柳科 Salicaceae　杨属 *Populus*

保护等级：北京市级

形态特征：落叶乔木，树皮灰色，覆白霜，下部细长纵裂；小枝粗壮，光滑；芽大，圆锥形，有黏质；叶宽卵形或宽卵状椭圆形，长可达 27 厘米，基部心形，正面暗绿色，背面苍白色，两面沿网脉有长白毛；雄花序长 3~5 厘米，苞片褐色；果序长可达 15 厘米，蒴果 3~4 裂。花期 5 月，果期 7 月。

分布与生境：产河北和陕西，北京密云雾灵山腹地有分布，胸径 20 厘米以上的大树稀疏分布于海拔 1000 米以上的杂木林中或沟谷，幼苗、小树少见。

千金榆

Carpinus cordata Bl.

桦木科 Betulaceae　**鹅耳枥属** *Carpinus*

保护等级：北京市级

形态特征：落叶乔木，树皮灰色；小枝棕色或橘黄色，具沟槽，初时疏被长柔毛，后变无毛；叶纸质，卵形或矩圆状卵形，长仅 10 厘米，基部斜心形，边缘具不规则的刺毛状重锯齿；果苞覆瓦状排列，全部覆盖小坚果，边缘具锯齿；小坚果矩圆形，长 4~6 毫米，直径约 2 毫米，无毛，具不明显的细肋。花期 4~5 月，果期 7~8 月。

分布与生境：产东北、华北、西北等地区，北京见于门头沟、延庆、密云等地，生于海拔 800 米以上的较湿润、肥沃的阴坡或山谷杂木林中。

黄连木

Pistacia chinensis Bunge

漆树科 Anacardiaceae　黄连木属 *Pistacia*

保护等级：北京市级

形态特征：落叶乔木，树干扭曲，树皮暗褐色，呈薄片状剥落，植株具不明显乳汁；偶数羽状复叶互生，揉碎后有特殊气味，嚼后味极苦；小叶 10~12 枚，具短柄，全缘；花单性异株，先花后叶，圆锥花序腋生；雄花序排列紧密，雌花序排列疏松，均被微柔毛；花小，无花瓣；核果倒卵状球形，略压扁，成熟时紫红色。花期 5 月，果期 10 月。

分布与生境：产华北、西北至南方地区，北京见于海淀、房山、门头沟和密云等地，星散分布于向阳山地阔叶林中。

漆树

Toxicodendron vernicifluum (Stokes) F. A. Barkl.

漆树科 Anacardiaceae　**漆树属** *Toxicodendron*

保护等级：北京市级

　　形态特征：落叶乔木，树皮灰白色，粗糙，呈不规则纵裂；小枝具圆形或心形的叶痕和突起的皮孔，折断有白色乳汁流出；奇数羽状复叶互生；小叶 4~6 对，卵形或矩圆形，长约 10 厘米，先端急尖，基部偏斜，叶背脉常有毛；大型圆锥花序腋生花小，黄绿色；核果肾形或椭圆形，外果皮黄色，无毛，具光泽，成熟后不裂，果核坚硬。花期 5~6 月，果期 10 月。

　　分布与生境：除东北地区和新疆外，其余各地均产。北京见于房山、昌平、延庆、密云等地，生于山坡林内。文献记载密云有分布，未见活体，有待进一步调查。

葛萝槭

Acer davidii subsp. *grosseri* (Pax) P. C. de Jong

无患子科 Sapindaceae　槭属 *Acer*

保护等级：北京市级

　　形态特征：落叶乔木，树皮光滑，绿色，常纵裂为蛇皮状；叶纸质，卵形，3浅裂或不裂，长约8厘米，边缘具重锯齿；花淡黄绿色，单性，雌雄异株，常成细瘦下垂的总状花序；翅果嫩时淡紫色，成熟后黄褐色，张开成钝角或近于水平。花期4月，果期9月。

　　分布与生境：产华北、华东、华中地区，北京见于延庆、门头沟、怀柔、密云，生于海拔1000米以上土壤肥沃的疏林中。密云雾灵山、云蒙山腹地有胸径15厘米以上粗壮个体，星散分布。

青花椒(崖椒)

Zanthoxylum schinifolium Sieb. et Zucc.

芸香科 Rutaceae　花椒属 *Zanthoxylum*

保护等级：北京市级

　　形态特征：落叶灌木至小乔木，树皮光滑，小枝有短刺，刺基部两侧压扁状；奇数羽状复叶，小叶纸质，对生，位于叶轴基部的叶常互生，长约1厘米，边缘具细锯齿，齿间有腺点，背面疏生腺点，叶轴具狭翅，具稀疏而略向上的小皮刺；伞房状圆锥花序顶生；花小而多，黄绿色，单性，5数；蓇葖果，熟时紫红色，干后变暗苍绿色或褐黑色。花期6月，果期9月。

　　分布与生境：全国广泛分布，北京见于房山、延庆、密云和平谷等地，生于山地疏林、灌木丛或岩石旁。

白鲜

Dictamnus dasycarpus Turcz.

芸香科 Rutaceae　白鲜属 *Dictamnus*

保护等级：北京市级

形态特征： 多年生宿根草本，茎基部木质化；全株有强烈臭味；奇数羽状复叶，常密集生于茎中部，小叶卵状披针形或矩圆状披针形，长约 6 厘米，近无柄，叶缘有细锯齿，正面密被油点，沿叶脉被柔毛，老时脱落；叶轴有极狭窄的翅；总状花序顶生，花大，淡红色或淡紫色，稀白色；花丝细长，伸出花瓣外；蒴果 5 裂，背面密被棕色腺点及白色柔毛。花期 5~6 月，果期 7~8 月。

分布与生境： 分布于东北、华北地区及甘肃、陕西。北京见于延庆。生于丘陵土坡或平地灌木丛中或草地、疏林下，石灰岩山地亦常见。文献记载密云有分布，未见活体，有待深入调查。

岩生报春

Primula saxatilis Kom.

报春花科 Primulaceae　报春花属 *Primula*

保护等级：北京市级

形态特征： 多年生草本，根状茎倾斜或平卧，多须根；叶 3~8 枚丛生，叶片阔卵形至矩圆状卵形，长约 5 厘米，边缘具缺刻状或羽状浅裂，具锯齿；伞形花序多花，密集呈球状；花萼钟状；花瓣淡紫红色，裂片倒卵形，先端 2 浅裂；蒴果球形，与花萼近等长。花期 5~6 月，果期 6~7 月。

分布与生境： 产东北至华北地区，北京见于延庆和密云，生于林下和岩石缝中。密云雾灵山岩生报春数量多，分布广，沿山路两侧密集分布，十分壮观。

松下兰

Hypopitys monotropa Crant.

杜鹃花科 Ericaceae　松下兰属 *Hypopitys*

保护等级：北京市级

形态特征：腐生草本，根锥状肉质，外有白色菌根；全株白色或淡黄色，肉质；叶鳞片状，直立，互生，卵状矩圆形或卵状披针形，上部叶常有不整齐锯齿；总状花序有3~8花，花常偏向一侧；花冠筒状钟形；雄蕊8~10，短于花冠；花柱直立，柱头膨大呈漏斗状；花期花葶顶端弯曲，至果期直立；蒴果椭球形。花期6~7月，果期8~9月。

分布与生境：全国广布，北京见于门头沟、延庆、密云等地，生于海拔500米以上山地针叶林、针阔叶混交林或阔叶林下。

迎红杜鹃

Rhododendron mucronulatum Turcz.

杜鹃花科 Ericaceae　杜鹃花属 *Rhododendron*

保护等级：北京市级

形态特征：落叶灌木，分枝多；幼枝细长，疏生鳞片；叶片质薄，互生，椭圆形或椭圆状披针形，长 3~7 厘米，两面疏生鳞片；花序腋生枝顶或假顶生，1~3 花，伞形着生；花梗和花萼极短，疏有鳞片；花冠宽漏斗状，直径约 4 厘米，淡红紫色，外面被短柔毛；雄蕊 10，不等长；子房 5 室，密被鳞片，花柱光滑、细长，果期宿存；蒴果长圆形，先端 5 瓣开裂。花期 5~6 月，果期 6~7 月。

分布与生境：产东北、华北地区及山东、江苏北部，北京见于各区山地，生于山地高海拔林下、灌丛中。密云山区数量多，尤其以云蒙山、雾灵山为甚。

鹿蹄草

Pyrola calliantha H. Andr.

杜鹃花科 Ericaceae　鹿蹄草属 *Pyrola*

保护等级：北京市级

形态特征：多年生草本，具长而横走根状茎，细长；叶 4~7 枚，基生，革质，椭圆形或圆卵形，稀近圆形，宽约 5 厘米，边缘有不明显疏齿，背面常有白霜，有时带紫色；叶柄细长；总状花序多花，花倾斜，稍下垂，较大，白色，有时稍带淡红色；萼片舌形；雄蕊 10；花柱伸出或稍伸出花冠；蒴果扁球形。花期 6~7 月，果期 7~9 月。

分布与生境：分布于华北、华东、西南等地区，北京见于门头沟、延庆和密云，生于海拔 1000 米以上土壤肥厚的阔叶林或针阔混交林下。密云雾灵山、云蒙山有分布，数量稀少。

紫花杯冠藤

Cynanchum purpureum (Pallas) K. Schumann

夹竹桃科 Apocynaceae　鹅绒藤属 *Cynanchum*

保护等级：北京市级

形态特征：多年生直立草本，块根粗壮，全株有长柔毛；叶对生，线形或线状披针形；伞形聚伞花序；花萼 5 深裂，裂片披针形；花冠紫红色；副花冠薄膜质，5 齿裂，高过合蕊柱；柱头圆筒状，顶端稍 2 裂；蓇葖果长圆形，长近 10 厘米。花期 6~7 月，果期 7~9 月。

分布与生境：产东北地区至河北，北京见于密云、怀柔、昌平，生于山地林中或山坡草丛中。密云大城子镇浅山区有分布，近年来未见活体。

秦艽（大叶龙胆）

Gentiana macrophylla Pall.

龙胆科 Gentianaceae　龙胆属 *Gentiana*

保护等级：北京市级

形态特征： 多年生草本，斜生或直立；全株光滑无毛，主根粗大，圆锥形；叶对生，椭圆状披针形或狭椭圆形，具 5 脉，基部叶长可达 20cm，上部叶片较小；花多数，簇生枝顶呈头状或腋生作轮状；花冠筒部蓝色或蓝紫色，壶形，有 5 褶；蒴果内藏或先端外露，卵状椭圆形。花期 7~8 月，果期 8~10 月。

分布与生境： 产东北、华北和西北地区，北京见于各区山地，生于河滩、路旁、水沟边、山坡草地、草甸、林下及林缘。

流苏树

Chionanthus retusus Lindl. et Paxt.

木樨科 Oleaceae　流苏树属 *Chionanthus*

保护等级：北京市级

形态特征：落叶灌木至乔木，小枝灰黑色，圆柱形，无毛，幼枝淡黄色或褐色，被短柔毛；叶片革质或薄革质，对生，长圆形、椭圆形或圆形，长约 7 厘米，全缘或具疏齿，叶背脉有疏毛；聚伞状圆锥花序顶生；花被 4 片，流苏状，长 1 厘米，白色；果椭圆形，被白粉，呈蓝黑色或黑色。花期 6 月，果期 10 月。

分布与生境：产华北、西南和东南沿海地区，北京见于房山、延庆和密云，生于山坡灌丛或阔叶混交林中。密云新城子镇苏家峪村有一株树龄约 580 年的流苏古树，每至花期引来游人无数。

款冬（冬花）

Tussilago farfara L.

菊科 Asteraceae　款冬属 *Tussilago*

保护等级：北京市级

　　形态特征：多年生草本，高达10厘米，密被白色茸毛；根茎横生；基生叶卵形或三角状心形，后出基生叶宽心形，长约10厘米，边缘波状，背面密被白色茸毛，叶柄长5~15厘米，被白色绵毛；头状花序单生花莛顶端，直径2.5~3厘米，初直立，花后下垂；总苞钟状，总苞片1~2层，披针形或线形；花异形；边缘有多层雌花，花冠舌状，黄色，柱头2裂；中央两性花少数，花冠管状，5裂；柱头头状，不结实；瘦果圆柱形，长3~4毫米；冠毛白色，糙毛状，长1~1.5厘米。花期4月，果期6月。

　　分布与生境：产东北、华北、华东、华中和西南地区，北京见于门头沟、昌平、延庆和密云，生于山涧溪流旁。

羊乳（四叶参）

Codonopsis lanceolata (Sieb. et Zucc.) Trautv.

桔梗科 Campanulaceae 党参属 *Codonopsis*

保护等级：北京市级

形态特征：多年生草质藤本，具乳汁，各部有特殊气味；根肥大，具横纹；淡黄褐色茎细长，多分枝，带紫色；叶在主茎上的互生，短枝上常 4 枚簇生，叶片菱状卵形、狭卵形或椭圆形，长约 5 厘米，光滑无毛，全缘或具不明显锯齿；花多单生；花冠阔钟状，浅裂，裂片三角状，反卷，黄绿色或乳白色内有紫色斑；蒴果圆锥形，萼宿存。花期 8~9 月，果期 9~10 月。

分布与生境：产东北、华北、华东和中南各地区，北京见于各区山地，生于山地灌木林下、沟边或阔叶林内。

楤木（刺老鸦、龙牙楤木）

Aralia elata (Miq.) Seem.

五加科 Araliaceae　楤木属 *Aralia*

保护等级：北京市级

　　形态特征：灌木或小乔木，树皮灰色，疏生粗壮直刺；小枝通常淡灰棕色，有黄棕色茸毛，密生皮刺；叶为二回或三回羽状复叶，小叶片纸质至薄革质，卵形、阔卵形或长卵形，长约 3 厘米，被毛，边缘有锯齿；圆锥花序大；花梗、苞片有毛；花白色，芳香；雄蕊 5，花柱 5；果实球形，黑色。花期 7~8 月，果期 9~12 月。

　　分布与生境：分布于华北、华中、华东、华南和西南地区，北京见于各区山地，生于阔叶林下、林缘或沟谷。密云云蒙山、雾灵山较多，见于路边、山坡或林下。

刺五加（老虎潦）

Eleutherococcus senticosus (Rupr. et Maxim.) Maxim.

五加科 Araliaceae　五加属 *Eleutherococcus*

保护等级：北京市级

形态特征： 落叶灌木，多分枝，1~2年小枝密生细刺，刺直而细长，脱落后遗留圆形刺痕；掌状复叶，小叶5，纸质，椭圆状倒卵形或长圆形，长约7厘米，边缘有锐利重锯齿；伞形花序单个顶生，或少数簇生，花多数；花白色至淡绿色，花梗细长；果实球形或卵球形，有5棱，黑色，具短小宿存花柱。花期6月，果期10月。

分布与生境： 分布于东北至华北地区，北京见于各区山地，生于阔叶林下、林缘或灌丛中。密云雾灵山、云蒙山刺五加较多，成群分布，长势良好。

无梗五加

Eleutherococcus sessiliflorus (Rupr. et Maxim.) S. Y. Hu

五加科 Araliaceae　五加属 *Eleutherococcus*

保护等级：**北京市级**

　　形态特征：落叶灌木或小乔木，枝条灰黑色，有纵裂，小枝极少数具刺；掌状复叶，互生，小叶 3~5 枚，倒卵形，长约 8 厘米，边缘有不规则重锯齿；头状花序球形，密被柔毛；花无梗，花瓣 5，紫色；雄蕊 5；果倒卵状球形，熟时黑色，具短小柱头。花期 8~9 月，果期 9~10 月。

　　分布与生境：分布于东北至华北地区，北京见于各区山地，生于阔叶林下、林缘或灌丛中。

刺楸（云楸）

Kalopanax septemlobus (Thunb.) Koidz.

五加科 Araliaceae　刺楸属 *Kalopanax*

保护等级：北京市级

形态特征：落叶乔木，树皮暗灰色，小枝淡黄色或棕灰色，散生粗皮刺；叶片纸质，在长枝上互生，在短枝上簇生，掌状 5~7 浅裂，长约 20 厘米，边缘有细锯齿；圆锥花序大；花白色或淡绿黄色；花萼 5，无毛；花瓣 5，白色；雄蕊 5；柱头离生；果实球形，蓝黑色。花期 8 月，果期 10 月。

分布与生境：全国广泛分布，常见栽培。文献记录北京密云石城镇有分布。

参考文献

北京市人民政府，2023-06-09.《北京市重点保护野生植物名录》正式发布 [R/OL].[2023-9-14]. https://www.beijing.gov.cn/zhengce/zcjd/202306/t20230613_3131808.html.

付鹏飞，巩凯，李学东，等，2022. 北京市密云区中药资源普查重点药用植物蕴藏量研究 [J]. 首都师范大学学报（自然科学版），43（3）：42-47.

高军，杨建英，史常青，等，2022. 密云水库上游油松人工水源涵养林林下植物多样性与土壤理化特性 [J]. 应用生态学报，33（9）：2305-2313.

河北植物志编辑委员会，1986-1991. 河北植物志（1-3 卷）[M]. 石家庄：河北科学技术出版社 .

贺士元，邢其华，尹祖棠，1992. 北京植物志（上、下册）[M]. 北京：北京出版社 .

李景文，姜英淑，张志翔，2011. 北京森林植物多样性分布于保护管理 [M]. 北京：科学出版社 .

李利平，崔国发，2005. 北京雾灵山自然保护区植物数量评价 [J]. 林业调查规划（2）：45-49.

刘冰，林秦文，李敏，2018. 中国常见植物野外识别手册 [M]. 北京：商务印书馆 .

刘冰，覃海宁，2022. 中国高等植物多样性编目进展 [J]. 生物多样性，30（7）：38-44.

刘雪花，2023. 北京水毛茛的分类地位研究 [D]. 北京：北京林业大学 .

鲁兆莉，覃海宁，金效华，等，2021.《国家重点保护野生植物名录》调整的必要性、原则和程序 [J]. 生物多样性，29（12）：1577-1582.

马頔，沈雪梨，赵一鸣，等，2021. 北京云蒙山软枣猕猴桃资源现状及分布特征 [J]. 北方果树（6）：47-50.

沐先运，2019. 寻找华北的铁木 [J]. 生命世界（11）：66-71.

沐先运，董文光，冯洋，等，2019. 生根粉处理对软枣猕猴桃扦插成活率的影响 [J]. 河北果树（3）：7-8.

沐先运，房新民，2023. 北京雾灵山有三美 [J]. 绿色中国（8）：66-69.

沐先运，林秦文，刘冰，等，2017. 北京植物区系资料增补 [J]. 北京林业大学学报，39（12）：88-92.

沐先运，童玲，雷丰玮，等，2022. 北京市被子植物新记录科与兰科新记录种 [J]. 首都师范大学学报（自然科学版），43（5）：31-34.

沐先运，张志翔，2021. 北京乡土植物资源开发利用浅淡 [J]. 国土绿化（11）：54-55.

沐先运，张志翔，张钢民，等，2014. 北京重点保护野生植物 [M]. 北京：中国林业出版社 .

童玲，沐先运，2021. 林区仙草秀姿，壁上白花芳踪——探秘密云五座楼 [J]. 生命世界（12）：54-61.

王荷生，1997. 华北植物区系地理 [M]. 北京：科学出版社.

吴欣静，陈金锋，崔国发，2023.《国家重点保护野生植物名录》更新建议——基于对现有保护名录的分析 [J]. 生物多样性，31（7）：182-193.

肖翠，刘冰，吴超然，等，2022. 北京维管植物编目和分布数据集 [J]. 生物多样性，30（6）：5-13.

肖能文，赵志平，李果，等，2022. 中国生物多样性保护优先区域生物多样性调查和评估方法 [J]. 生态学报，42（7）：2523-2531.

邢韶华，鲍伟东，王清春，等，2013. 北京市雾灵山自然保护区综合科学考察报告 [M]. 北京：中国林业出版社.

许梅，董树斌，张德怀，等，2017. 北京市紫椴种群空间分布格局研究 [J]. 西北农林科技大学学报（自然科学版），45（8）：81-88.

岳永杰，2008. 北京山区防护林优势树种群落结构研究 [D]. 北京：北京林业大学.

张志翔，沐先运，欧阳喜辉，等，2018. 京津冀地区保护植物图谱 [M]. 北京：中国林业出版社.

赵勃，2005. 北京山区植物多样性研究 [D]. 北京：北京林业大学.

赵良成，张志翔，沐先运，等，2014. 北京野生植物资源 [M]. 北京：中国林业出版社.

中国植物志编辑委员会，1959-2004. 中国植物志（1-80 卷）[M]. 北京：科学出版社.

中华人民共和国中央人民政府，2021-09-17. 国家林业和草原局 农业农村部公告 [R/OL]. [2023-9-14]. https://www.gov.cn/zhengce/zhengceku/2021/09/09/content_5636409.htm.

周志华，金效华，2021. 中国野生植物保护管理的政策、法律制度分析和建议 [J]. 生物多样性，29（12）：1583-1590.

Liu B，et al.，2023. China checklist of higher plants [DB]. In the Biodiversity Committee of Chinese Academy of Sciences ed.，catalogue of Life China: 2023 Annual Checklist，Beijing，China.

Mu X Y，Liu B，Zhu X Y，et al.，2017. *Holopogon pekinensis*（Orchidaceae），a new heteromycotrophic species from Northern China[J]. Phytotaxa，26（2）：151-155.

Tong L，Lei F W，Wu Y M，et al.，2022. Multiple reproductive strategies of a spring ephemeral plant，*Fritillaria maximowiczii*，enable its adaptation to harsh environments[J]. Plant Species Biology，37（1）：38-51.

Xie D，Liu B，Zhao L N，et al.，2021. Diversity of higher plants in China[J]. Journal of Systematics and Evolution，59：1111-1123.

中文名索引

学名索引

图片版权说明

本书图片版权归原作者所有，感谢以下人员提供部分彩色照片，其余由沐先运拍摄。

宋会强，P3，右上；曾佑派，P32，上、右下；毛星星，P32，左下；雷丰玮，P61；朱鑫鑫，P65；薛凯，P78，左下，P108，下；谢迎春，P79，右下。